Petra Henning

Rumänien als kulturell und wirtschaftsräumlich heterogener Staat

GRIN Verlag

Bibliografische Information der Deutschen Nationalbibliothek:

Die Deutsche Bibliothek verzeichnet diese Publikation in der Deutschen National-
bibliografie; detaillierte bibliografische Daten sind im Internet über http://dnb.d-
nb.de/ abrufbar.

Impressum:

Copyright © 2011 GRIN Verlag GmbH
Druck und Bindung: Books on Demand GmbH, Norderstedt Germany
ISBN: 978-3-656-03209-0

Dieses Buch bei GRIN:

http://www.grin.com/de/e-book/180424/rumaenien-als-kulturell-und-wirtschafts-
raeumlich-heterogener-staat

Universität Wien
Institut für Geographie und Regionalforschung
Seminar im Fachbereich: Humangeographie / Regionalgeographie:
Südosteuropa als heterogener Kulturraum

So Se 2011

Rumänien als kulturell und wirtschaftsräumlich heterogener Staat

Seminararbeit
Vorgelegt von: Petra Henning

am 27.07.2011

1. Einleitung

Quelle: Ursprung, D. „Die Walachei als historische Region" S. 806, Rumänien , Bd. II

Es war mir wichtig über Rumäniens kulturelle und wirtschaftsräumliche Unterschiede zu referieren, einerseits weil ich im prosperierenden Transsilvanien lebe und andererseits um zu zeigen, dass auch die anderen historischen Regionen des Landes im Aufschwung begriffen sind. Rumänien hat seit Anfang des 21. Jh. viele wichtige Ziele erreicht, wie z.B. die Aufnahme in die E.U. oder in die N.A.T.O. und es hat ein erstaunliches Wirtschaftswachstum verzeichnet, desgleichen hat es sich auch in kultureller Hinsicht verbessert (zu erwähnen wäre z.B. dass Sibiu/Hermannstadt im Jahre 2007 zusammen mit Luxemburg europäische Kulturhauptstadt war).

Der Hauptteil der Seminararbeit ist so aufgeteilt, dass zuerst die Moldau inkl. der Bukowina und die Walachei vorgestellt werden weil diese Regionen das frühe Rumänien (1859) bildeten, dann folgt die Dobrudscha die 1878 zu Rumänien kam und schließlich Transsilvanien, das ab 1918 auch zu Rumänien gehört. Alle drei Großregionen werden aus geschichtlicher, ethnischer, kultureller (im Sinne von Regionalbewusstsein) und wirtschaftlicher Perspektive betrachtet.

Die Beantwortung folgender Forschungsfragen: Wobei unterscheiden sich die drei Regionen? Was hält Rumänien dadurch zusammen? und Wie präsentiert sich Rumänien in der Welt ? sollen helfen das heutige Rumänien besser zu verstehen, indem versucht wird das negative Image dieses Staates ein wenig zu bereinigen.

2. Bukowina, Moldau und Walachei

2.1. Bukowina : Geschichte, Bevölkerung und Kultur

Die Bukowina, in Nordosten des Landes gelegen, war von 1774 bis 1918 144 Jahre lang aus strategisch-militärischen Gründen Teil der Habsburger Monarchie. Diesen Naturraum dominieren drei markante Großlandschaften: die moldauische Höhe im Südosten, das Karpatenvorland und die Karpaten selbst. Seit 1918, durch die Pariser Friedensverträge offiziell anerkannt, gehört der südliche Teil der Region durch einen Beschluss des rumänischen Kongresses zu Rumänien bzw. ist es der heutige Kreis Suceava und ein Teil des Kreises Botosani. Von 1861-1918 war diese Region Kronland und verfügte daher über Autonomie, um die sie sich durch zahlreiche Petitionen und Interventionen an den Kaiser sehr bemüht hatten. In dieser Zeit stieg die Bevölkerungszahl durch die Zuwanderung der jüdischen Bevölkerung als auch durch natürliches Bevölkerungswachstum der Ukrainer, Rumänen und Deutschen an. Die Bevölkerung lebte und arbeitete hauptsächlich am Lande bzw. in der Landwirtschaft, Forstwirtschaft, im Bergbau (Salzförderung) oder im Kurtourismus (Vatra Dornei, Gura Humor). Auch die wenigen Städte wie Cernauti, Radauti und Suceava verzeichneten deutliche Zuwächse, vor allem durch den jüdischen Bevölkerungsteil.

Die zwei Weltkriege Anfang des 21. Jh. stürzten die österreichische Bukowina in eine tiefe Krise, die weitreichende Folgen verursachte: zum einen wurde sie nach dem 15.11.1918 ins Königreich Rumänien angegliedert, was zum Verlust der Sonderstellung der Bukowina als direkter wirtschaftlicher wie gesellschaftlicher Mittler zwischen West und Ost führte, zum zweiten durchlebte sie eine Zeit der massiven Rumänisierung und drittens erlebten weite Teile der ursprünglich in der Bukowina ansässigen Bevölkerung nach 1940 Flucht, Vertreibung und Vernichtung. Dazu kommt noch eine über 40-jährige kommunistische Ära, die der dort ansässigen Bevölkerung den letzten Rest Identität zu nehmen versuchte. Trotz dieser schweren Schicksalsschläge lassen sich nach 1991 vermehrt Tendenzen aufspüren, die einen Anschluss an die Erinnerung eines Bukowiner Selbstbewusstseins suchen bzw. pflegen weil die mentale Identifikation durch Bevölkerungsteile der Region weiterhin besteht. Ein Bewusstsein, das freilich auch von einer vielfach mythisch historisierenden, westlichen Außensicht beeinflusst wird, das an das Regionalbewusstsein, das sich Ende des 19. Jh. herausbildete, erinnert.

Es ist ein Regionalbewusstsein, dass durch den positiven Faktor Tourismus bestärkt wird und der den Bewohnern dieses Gebietes zeigt, dass sie sich doch von der restlichen Moldau unterscheiden. Denn der touristische Sektor hat sich in der rumänischen Bukowina nicht zuletzt dank der Moldau-Klöster, die zum UNESCO-Weltkulturerbe gehören, und der reizvollen Landschaft lebendig entwickelt. Gastronomie-und

Beherbergungsbetriebe von Hotels mit gehobenem Angebot bis hin zu den weit
zahlreicheren kleine , „Zimmer-mit-Frühstück" Anbietern geben davon Zeugnis.[1]

2.2. Moldau und Walachei : Geschichte, Bevölkerung und Kultur

Die Donaufürstentümer Moldau und Walachei entstanden im 14. Jh. bzw. 1352/53 und
1310. Seit 1460 musste die Walachei und seit 1513 die Moldau die türkische Oberhoheit
anerkennen. Dem walachischen Fürsten Michael dem Tapferen gelang es 1599/1600 noch
einmal, sein Land mit Siebenbürgen und der Moldau für kurze Zeit zu vereinigen. Die Kleine
Walachei/Oltenien gehörte von 1718 bis 1739 zu Österreich und 1812 fiel
Bessarabien/heutige Republik Moldawien an Russland, das seinen Einfluss im gesamten
Donaufürstentum zunehmend ausweitete, besonders zwischen 1821 und 1859. Nach der
russischen Niederlage im Krimkrieg blieben die Fürstentümer jedoch bis ins 19. Jh. unter
osmanischer Oberhoheit. Zwischen 1711/1716-1821 herrschten die Phanarioten in dieser
Region während der sich der byzantinische Einfluss bemerkbar machte. Die Phanarioten
waren einflussreiche christliche Landesfremde aus Phanar, einem Stadtteil Istanbuls, die
eine Zeit der Korruption, aber auch der Modernisierung prägten.

Die Vereinigung im Jahre 1859 war möglich dank der Schwächung Russlands infolge des
Krimkriegs und der beginnenden rumänischen Nationalbewegung. Der von der Walachei und
Moldau bestätigte Fürst Alexandru Ian Cuza I. proklamierte 1862 die Vereinigung beider
Donaufürstentümer unter dem Namen Rumänien. Am 10. Mai 1866 wurde durch eine
Volksabstimmung Karl (Carol) I. aus dem Hause Hohenzollern-Sigmaringen als sein
Nachfolger gewählt, der Rumänien kulturell und politisch an Mittel-und Westeuropa
anschloss. 1881 wurde Rumänien ein konstitutionelles Königreich, bevor es drei Jahre zuvor
als unabhängiger Staat anerkannt wurde.

Im Ersten Weltkrieg blieb Rumänien zunächst neutral, erklärte jedoch 1916 Österreich-
Ungarn und damit dem Deutschen Reich den Krieg. Infolge des günstigen Kriegsschlusses für
Rumänien kamen 1918 Bessarabien, die Bukowina, Transsilvanien und die südliche
Dobrudscha an das „Altreich" Rumänien.

Zu Beginn des Zweiten Weltkrieges erklärte Rumänien zunächst wieder seine Neutralität.
Aber unter Druck eines sowjetischen Ultimatums 1940 verlor Rumänien Bessarabien, das
1991 die unabhängige Republik Moldawien wurde und die nördliche Bukowina an die
spätere Ukraine. Durch den 2. Wiener Schiedsspruch ging Nordsiebenbürgen in den Jahren
1940-1944 an Ungarn und im Vertrag von Craiova musste es 1940 die südliche Dobrudscha
an Bulgarien abtreten. General Ion Antonescu rief nach der erzwungenen Abdankung Karls II.
dessen Sohn Michael (Mihai I.) zum König aus und errichtete eine profaschistische
Militärdiktatur, die dem Dreimächtepakt beitrat. Rumänien trat 1941 auf deutscher Seite in
den Krieg gegen die Sowjetunion ein. 1944 kam es zur bedingungslosen Kapitulation und
sowjetische Streitkräfte besetzten das Land, trotz des Seitenwechsels am 23.08.1944. 1945
wurde eine Koalitionsregierung gebildet, in der die Kommunistische Partei zu immer

---

[1] Vgl. Kurt Scharr. Historische Region „Bukowina" Entstehen und Persistenz einer Kulturlandschaft" S. 839-853

größerem Einfluss gelangte. Nach dem Verbot der nicht kommunistischen Parteien 1947 wurde König Michael I. zur Abdankung gezwungen und die kommunistische Volksrepublik Rumänien ausgerufen.

Nach 1960 setzte eine auf größere Selbständigkeit von der UdSSR bedachte Politik ein, die besonders Nicolae Ceausescu vertiefte. Die katastrophale wirtschaftliche Lage nach 1980, schwere Menschenrechtsverletzungen und Ceausescus diktatorisches Herrschaftssystem, das zunehmend von einem Personenkult orientalischen Ausmaßes sowie Vetternschaft geprägt war, führten Rumänien in die internationale Isolierung. Nachdem aber Osteuropa im Herbst 1989 eine Welle von friedlichen Revolutionen erlebte, lösten blutig bekämpfte Demonstrationen und Bürgeraufstände in Temeswar, dann in Hermannstadt, auch in ganz Rumänien eine Volkserhebung aus, in deren Verlauf sich die Armee auf die Seite der Protestbewegung stellte. Das Ehepaar Ceausescu wurde dann am 25.12.1989 hingerichtet und die sozialistische Republik Rumänien wurde in Republik Rumänien umbenannt.[2]

Die Annahme einer neuen Verfassung 1991 markierte zwar die Trennung vom totalitären Regime, aber Politik und Wirtschaft wurden weiter durch die ehemalige kommunistische Kaderelite bestimmt sowie die Opposition weiter unterdrückt. Alle Regierungen ab 1996 setzten sich zwar zum Ziel, den wirtschaftlichen und politischen Rückstand gegenüber den anderen Transformationsländern, der nach 1992 entstanden war, abzubauen, blieben aber zunächst erfolglos. Nach 2000 begann sich die Wirtschaft zögernd zu stabilisieren, ja auch zu wachsen, 2004 wurde es in die N.A.T.O. aufgenommen und am 1.1.2007 trat es zusammen mit Bulgarien der E.U. bei.

Die Walachei präsentiert sich im Süden und vor allem im östlichen Teil als große Tiefebene, teils mit Steppencharakter (Baragan östlich von Bukarest), an die sich gegen Norden eine Hügel-und schließlich eine Gebirgszone anschließen. Die Moldau hingegen ist durch das Karpatenvorland und die Ostkarpaten im Westen und die moldauische Ebene im Osten gekennzeichnet. Es sind die Gebiete der romanischsprachigen Vlachen bzw. der späteren Rumänen, die seit dem 14.Jh. orthodox waren und nie ins Osmanische Reich eingegliedert wurden. Die führende soziale Oberschicht der beiden Fürstentümer erlebte im Laufe der Zeit auf kulturellem Gebiet eine Orientalisierung (Mode, Literatur, Bildung) bei gleichzeitiger Zunahme der Bedeutung der rumänischen Sprache in Verwaltung, Kirche und Chronistik. Das Alltagsleben, Moral-und Rechtsvorstellungen blieben auch im 18. Jh. stark vom Gewohnheitsrecht und dem byzantinisch inspirierten Recht der orthodoxen Kirche geprägt. Es dominierten lokale Gebräuche und eine ad hoc auf den Einzelfall, nicht auf gesetzte Normen aufbauende Rechtsprechung. Beide Fürstentümer waren zudem lange Zeit Schauplatz kriegerischer Auseinandersetzungen.

Nach der Erweiterung Rumäniens um eine ganze Reihe weiterer Territorien 1918 behielt die Walachei in gewisser Weise dank des starken Zentralismus in wirtschaftlicher und kultureller Hinsicht ihre bedeutende Rolle, weil hier die Landeshauptstadt Bukarest liegt, die das ganze Gebiet polarisiert. Als klar konturierte, eigenständige Landschaft hingegen ist die

---

[2] Vgl. GEO Themenlexikon. Unsere Erde. Rumänien

Walachei innerhalb Rumäniens jedoch nur wenig präsent und auf der mentalen Karte wird
sie kaum als geschlossene Einheit wahrgenommen. Das wird wohl daran liegen, dass sie
immer als offener Raum ohne klare Grenzen wahrgenommen wurde, trotz der auffallend
geografischen Merkmalen wie Donau und Karpaten. Der Fluss Olt/Alt hingegen markiert eine
unscharfe Trennlinie zwischen der großen und kleinen Walachei. Diese beiden doch klar
unterscheidbaren geographischen Zonen(Ebene im Süden und Osten vs. dem am Fuße der
Karpaten entlang verlaufenden Hügelland) markieren auch zwei grundsätzlich verschiedene
Kulturlandschaften (eine stärker Byzanz und die andere stärker nach Westen ausgerichtet).
Im historischen Verlauf äußern sich diese Unterschiede an Merkmalen wie
Bevölkerungsdichte, Siedlungsweise, unterschiedlicher Ausprägung sozialer Phänomene und
ethnographische Besonderheiten).

Die Moldau lag in ihrer langen Geschichte immer nur auf dem zweiten Platz innerhalb
der Donaufürstentümer. Obwohl sie seit ihrer Gründung in kultureller und politischer
Hinsicht beachtliche Leistungen hervorbrachte, schafft sie es bis heute nicht als die Region
wahrgenommen zu werden, die nicht nur aus Landwirschaft, Bauern,Dörfern und Kirchen
besteht. Einzig und allein Iasi, als Hauptstadt der Region kann mit anderen Städten in
kultureller und wirtschafticher Hinsicht konkurrieren. Die Moldau wird meistens mit den
Klöstern in der Bukowina, Iasi, rurale Gegend und den Flüssen Prut und Siret assoziiert. Sie
wird meiner Meinung nach aber im Gegenzug zur Walachei, als geschlossener Raum
empfunden, der die acht Kreise von Suceava bis Galati umfasst.

Zusammenfassend kann gesagt werden, dass beide Regionen durch drei politische und
kulturelle Orientierungsströme charakterisiert sind. Erstens die osmanische, zweitens die
byzantinische und drittens die westliche Prägung bzw. Denk –und Handlungsweise. Heute ist
die Anpassung an die westeuropäische Entwicklung bestimmend, weil der ökonomische,
soziale und kulturelle Rückstand dies erfordert. Dies zeigt, wie prägend für die Geschichte
der beiden Fürstentümer ihr Status als Schnittstelle und Übergangsgebiet stets war. [3]

---

[3] Vgl. Die Walachei als historische Region- Schnittstelle europäischer Verflechtungen an der Peripherie S. 806-
822

Um die Bevölkerungsstruktur der Moldau, der Walachei und der Bukowina zu veranschaulichen, zeigen die folgenden Diagramme die Ethnien aus der Region Nordost bzw. der Bukowina und der Moldau. Zu beobachten ist, dass diese Regionen keine großen Minderheiten aufweisen. An erster Stelle treten die Roma auf, gefolgt von Ukrainern und Russen-Lipowanern, es folgen Ungarn, Polen und Deutsche. Die jüdische Bevölkerung lebt mehrheitlich in der Bukowina und die Ceangai, ein ungarisch sprechendes Volk, leben in der südlichen Moldau.

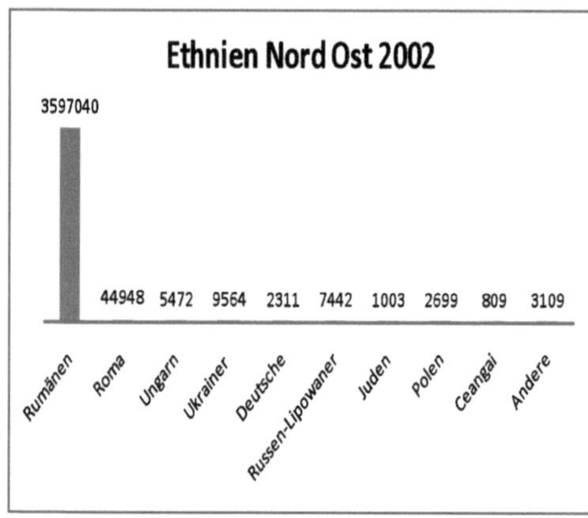

Q: eigene Bearbeitung[4]

In der Region Süd bzw. Muntenien (Große Walachei) und Region Südwest bzw. Kleine Walachei sticht nur die Minderheit der Roma hervor.

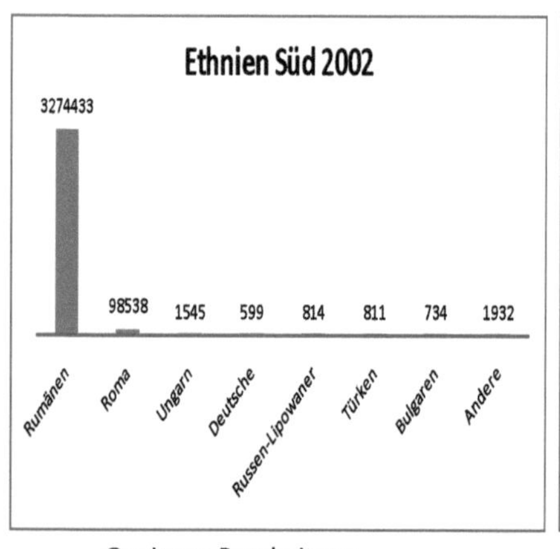

Q: eigene Bearbeitung

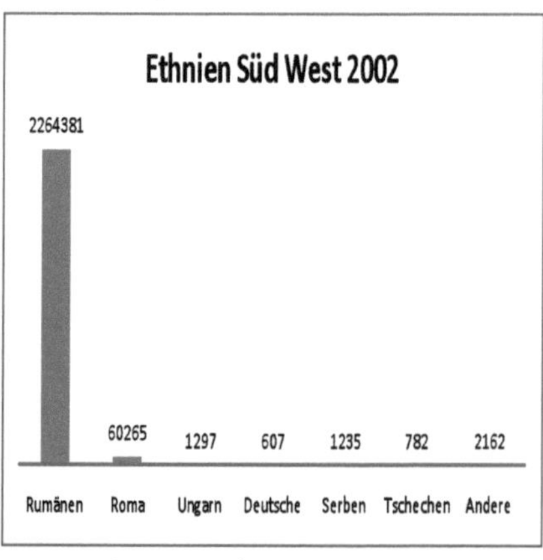

Q: eigene Bearbeitung

---

[4] Nach http://www.insse.ro/cms/files/statistici/Statistica%20teritoriala%202008/rom/8.htm

In der Landeshauptstadt Bukarest und dem benachbarten Kreis Ilfov leben viele Roma, gefolgt von Angehörigen der deutschen, ungarischen, jüdischen und chinesischen Minderheit.

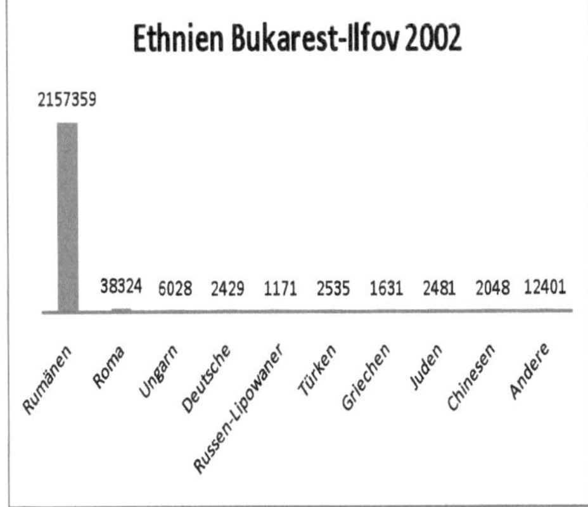

Q: eigene Bearbeitung

3. Dobrudscha: Geschichte, Bevölkerung und Kultur

Die historische Region Dobrudscha umfasst das Gebiet zwischen dem Schwarzen Meer, dem Donaudelta und dem Unterlauf der Donau. Die rumänische Dobrudscha erfasst die beiden Kreise Tulcea im Norden und Constanta im Süden. Sie ist mehrheitlich eine lössige Ebene, die von Trockentälern, Seen und kurzen Flussläufen durchfurcht wird.
Zwischen dem 4. und 13. Jh. stand die historische Dobrudscha abwechselnd unter bulgarischer und byzantinischer Herrschaft, die dann ab dem 15. Jh. bis ins 19 .Jh. von der osmanischen Herrschaft abgelöst wurde. Zur Zeit der Osmanen wanderten viele Türken und Tataren aus dem Osmanischen Reich, aber auch viele Russen-Lipowaner und Ukrainer aus dem Zarenreich ein. Bulgaren, Deutsche und Juden zählten auch zu den Immigranten des Gebietes. Die wohl wichtigste und prägendste Einwandergruppe waren und sind die Rumänen, die seit dem 18. Jh. die bestimmende Ethnie sind und aus der Moldau, Siebenbürgen und der Walachei her ausgewandert sind. Infolge des Krimkrieges 1878 kommt die Dobrudscha zu Rumänien, wobei diese Situation nicht nur eine Umstrukturierung der Bevölkerung nach sich zog, sondern auch einen Wandel der Siedlungen und der Kulturlandschaft bzw. von einer ethnisch sehr heterogenen Zone zu einer fast homogen rumänischen und von einer sehr ländlich, einfachen, einstöckigen mit Stroh und Lehm gemauerter Siedlungslandschaft zu einer immer urbaneren, zweistöckigen mit Ziegeln und Stein befestigten Siedlungslandschaft.
Infolge des Zweiten Balkankrieges 1913 erhält Rumänien auch die Süddobrudscha bzw. den bulgarischen Teil der Region, der aber 1940 endgültig an Bulgarien zurückfällt.
In der Region Südost, die auch die Dobrudscha umfasst leben vor allem Türken, Tataren und Russen-Lipowaner sowie Ukrainer.
Die wichtigsten Siedlungen der Muslime (Türken und Tataren) sind heute Constanta, Medgidia, Tulcea, Babadag, Harsova, Cobadin und Mihail Kogalniceanu. In fast allen Siedlungen sind sie heute in der Minderheit. Ausnahmen bilden lediglich die Dörfer Fantana Mare und Faurei im Kreis Constanta, wo sie fast 100 Prozent der Bewohner stellen. Im Süden des Kreises Constanta wohnen sie auch im ländlichen Raum, im Kreis Tulcea vorwiegend in den Städten.
Die Ukrainer siedeln hauptsächlich im Donaudelta, wobei nur noch die ältere Generation sprachfest ist.
In der Dobrudscha gibt es auch ganze Stadtviertel die von muslimischen und christlichen Roma besiedelt sind, wie z.B. in Babadag, Constanta und Medgidia aber auch im ländlichen Raum wie in Baneasa, Cobadin, Negru Voda etc.
Im Donaudelta bilden die Lipowaner das kulturell prägende Element; lediglich das Dorf C.A.Rosetti und die Küstenstadt Sulina haben mehrheitlich rumänische Bevölkerung. Sie leben mehrheitlich in peripheren ländlichen Ortschaften.

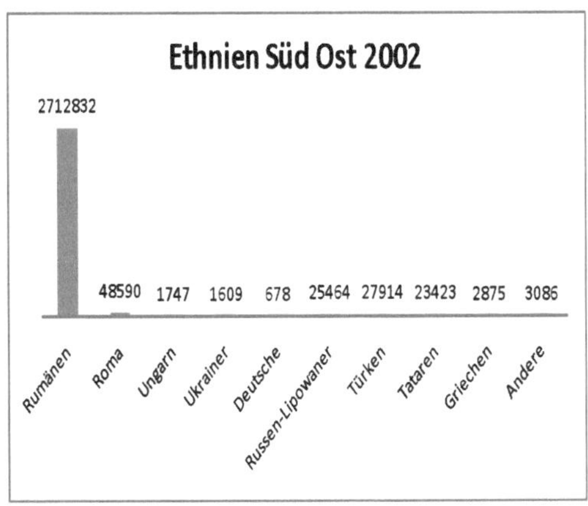

Q. eigene Bearbeitung

Innerhalb Rumäniens zählt die Dobrudscha sicher nicht zu den Regionen mit auffallend starkem Regionalbewusstsein. Eine Erklärung hierfür könnte in der Siedlungsgeschichte der dort heute lebenden rumänischen Mehrheitsbevölkerung zu suchen sein, die vielfach aus anderen Regionen, vor allem aus der Moldau zugewandert ist. Damit geht ein Verdrängen der osmanischen Kultur einher weil viele osmanische Bezeichnungen durch rumänische ersetzt wurden. Auf die gewachsene osmanische und tatarische Siedlungskultur ist eine rumänische Erinnerungskultur gesetzt worden, mit historischen Bezügen, die ihre Wurzeln zum großen Teil außerhalb der Dobrudscha haben. Die rumänische Bevölkerung der Dobrudscha bewahrt ein Bewusstsein der ursprünglichen Herkunft; so werden die altansässigen Rumänen dicienii genannt, die Zuwanderer aus der Walachei und der Moldau cojanii und die Zuwanderer aus Siebenbürgen ungureni oder mocani".

Tatsächlich stellt aber die Dobrudscha auch heute noch ein „amalgam of languages, religions and lifestyles" dar, wenn auch die Anzahl der Angehörigen ethnischer Minderheiten heute stark abgenommen hat. Besonders auffällig ist der Verlust bei Ukrainern und Lipowanern. Dennoch bestimmt die stark gemischte ethnische Zusammensetzung und die vielfältige Architektur der ethnischen Gruppen der Region stark das Bewusstsein der Bevölkerung. Das ethnische und religiöse Nebeneinander hat nicht nur zu einer gewissen Kenntnis über die benachbarten Gruppen, sondern auch zu einer Identifikation mit der Interkulturalität und der Vielschichtigkeit der lokalen Kulturen geführt. Und trotzdem muss darauf hingewiesen werden, dass dieser periphere Landstrich innerhalb Rumäniens noch auf der Suche nach einer eigenen Identität ist d.h. begreifen soll, dass sie dank dieser ethnischen Konstellation eine eigene, vielseitige Kulturlandschaft ist.

Aus wirtschaftlicher Sicht profitiert der Süden vom Tourismus, Handel und der Industrie wobei die Einwohner des Nordens, insbesondere des Deltas am stärksten von Armut und Isolation betroffen sind. Um die eigene wirtschaftliche Situation zu verbessern, versuchen viele Bewohner des ländlichen Raumes, nebenbei Gartenbau zu betreiben, Nutztiere zu halten oder von den ständig abnehmenden Fischbeständen zu überleben. Oder sie investieren in den Öko-und Agrotourismus. In den Städten lebt die Bevölkerung von der Lebensmittelindustrie, Chemieindustrie, Leichtindustrie, Badetourismus und dem Handel.[5]

---

[5] Vgl. Thede Kahl und Josef Sallanz: Die Dobrudscha. S.857-875

4.Transsilvanien und Banat: Geschichte, Bevölkerung und Kultur

Das historische Siebenbürgen[6] bestand als spezifische Region innerhalb des historischen Ungarns vom 12.Jh. bis 1876. Es umfasste die Stühle/Gerichtsbarkeiten des Szeklerlandes im Osten bzw. heutige Kreise Harghita und Covasna, des Sachsenlandes (Königsboden im Süden bzw. Kreis Hermannstadt, Burzenland im Südosten bzw. Kreis Kronstadt, Nösnerland im Nordosten bzw. Kreis Bistritz) und die Gegend im Westen Siebenbürgens bzw. die Kreise Klausenburg und Alba.

Partium oder die heutige, nach 1918 entstandene Bezeichnung Kreischgebiet bezeichnet die ostungarischen Komitate, die nach der Schlacht von Mohacs 1526 im dreigeteilten Ungarn durch die Fürsten von Siebenbürgen regiert wurden. Ihre Zahl und Größe schwankte stark. Ein Teil, die heutigen Kreise Satu Mare, Bihor und Salaj gehören heute zu Rumänien.

Das historische Komitat Marmarosch entstand im 12.Jh. Ein Drittel dieses Komitats kam 1918 zu Rumänien, der andere Teil liegt heute in der Ukraine.

Die Bezeichnung Transsilvanien umfasst im heute üblichen Gebrauch Siebenbürgen einschließlich der Marmarosch und dem Kreischgebiet.

Die historische Region Banat[7] beruht auf einem Territorialgebilde-das Temeswarer Banat- das im Ergebnis des Friedensschlusses zu Passarov 1718 entstanden war. Die Bildung der Region ist eng mit der habsburgischen Machtausbreitung nach Südosteuropa verbunden, wobei den Flüssen Marosch im Norden, Theiß im Westen und Donau im Süden die Funktion von Territorial-und Binnengrenzen zugeschrieben wurden.

Die spezifische Kulturlandschaft Siebenbürgen formierte sich im Rahmen des hoch-und spätmittelalterlichen Königreich Ungarn zwischen dem 11. und 14. Jh. Ungarn siedelten vor allem in den Ebenen und Hügellandschaften sowie entlang der Flussläufe im zentralen, westlichen und nördlichen Landesteil an. Die ungarischsprachigen Szekler, denen ein spezifisches Eigenrecht verliehen wurde, siedelten sich im 13. und 14. Jh. in den östlichen Karpaten und Teilen des zentralen Landesteils an. Seit dem 12. Jh. wurden auch Deutsche bzw. die Siebenbürger Sachsen in erster Linie im Süden, aber auch im Norden des Landesteils angesiedelt. Sie stammten mehrheitlich aus dem moselländischen, luxemburgischen und flandrischen Raum. Die dichte Städtelandschaft Siebenbürgens war vom 13. bis 20.Jh. überwiegend von sächsischen und ungarischen Einwohnern geprägt. Siebenbürgen war im Zeitraum 1542-1691 Fürstentum unter türkischer Oberhoheit und zwischen 1691/1711-1867 Großfürstentum (habsburgisches Kronland) wobei die drei bestimmenden ethnischen Gruppen dieser Region über eine weitreichende Autonomie, Privilegien und ein starkes territorialgebundenes Selbstverwaltungssystem verfügten als auch ihren ständisch geprägten Charakter beibehielten. Im 17. und 18.Jh. führten eine Reihe von Kriegen, Seuchen und die ethnische und demographische Entwicklung dazu, dass die Rumänen zur Mehrheitsbevölkerung avancierten. Zur Zeit der habsburgischen Herrschaft aber auch als Teil der ungarischen Reichshälfte Österreich-Ungarns zwischen 1867 und 1918 erlebte dieser

---

[6] Vgl. Meinolf Ahrens. Transsilvanien-Siebenbürgen, Marmarosch und Kreischgebiet S. 881-899
[7] Vgl. Josef Wolf. Das Banat als historische Region. S. 903-925

Landstrich eine etwa 130-jährige friedliche Phase wobei er sich zu einer
ostmitteleuropäischen, deutlich abendländisch geprägten Kulturlandschaft, mit einer
deutlich zunehmenden orthodoxen, rumänischen Bevölkerung entwickelte. Erst der
Zusammenbruch der Mittelmächte und die damit verknüpfte Auflösung Österreich-Ungarns
im Oktober/November 1918 ermöglichten der neuen rumänischen Regierung in den
Folgemonaten, das historische Siebenbürgen, einschließlich das Kreischgebiet und die
Marmarosch als auch 2/3 des Banats in den eigenen Staat zu inkorporieren. Siebenbürgen
bzw. Transsilvanien hat sich auch nach dem Anschluss an Rumänien seine Vorreiterrolle in
kulturellen und wirtschaftlichen Dingen bewahren können, die die altrumänischen Gebiete
heute anstreben.

Mit dem Terminus Banat wir heute vor allem die westrumänische Landschaft mit der
Stadt Temeswar im Mittelpunkt assoziiert, wobei auch Teile der heutigen rumänischen
Kreise Caras-Severin und Arad, die serbische Wojwodina und ein kleiner ungarischer Teil
dazugehören. Das Banat gehörte historisch betrachtet mal zu Ungarn (1778-1849 und 1860-
1918), mal zum Habsburgerreich (1718-1778 und zwischen 1849-1960 war es eigenständiges
Kronland), seit 1918 gehört mehr als die Hälfte des Banats zu Rumänien. Während der
Habsburger Zeit im 18. Und 19 . Jh. wurden Deutsche bzw. Banater Schwaben her
angesiedelt, aber auch Deutsche bzw. Sathmar-Schwaben in das Kreischgebiet. Die
Bevölkerungsmobilität war von militärpolitischen und von herrschaftsspezifischen Faktoren
bestimmt, wobei zuerst die Ungarn, dann die Banater Schwaben und viel später die
Rumänen dieses Gebiet prägten und gestalteten. Im Vergleich zu Siebenbürgen war das
Banat ein multiethnischeres Gebiet weil hier auch Serben, Slowaken, Kroaten wohnten.
Siedlungstechnisch charakterisieren beide Großregionen planmäßig angelegte Siedlungen,
Städte und geschlossene und offene Dorfanlagen in einer von Hügeln oder der Ebene
dominierten Gegend. Kulturlandschaftlich fehlen im Banat die Kirchen und Wehrburgen der
Siebenbürger Sachsen aus Siebenbürgen, im Banat hingegen ist die agrarwirtschaftliche
Nutzung der Fläche präsenter. Mit der Grenzziehung 1918 bzw. der rumänisch-
kommunistischen Planwirtschaft nach 1947 ist der Region zunächst ein wirtschaftlicher
Schaden durch die Zerstörung des Verkehrssystems und der Landwirtschaft zugefügt
worden, den sie aber im Laufe der Jahre, vor allem nach 1990 durch Handel und
Verbesserung in der Landwirtschaft und Investition in die Industrie und den
Dienstleistungssektor kompensieren konnte.

Die Region die bis jetzt am stärksten eigenständige Züge aufweist, ist Siebenbürgen. Die
Leute empfinden sich hier anders als die anderen Rumänen, und obwohl die deutsche
Minderheit fast verschwunden ist, ist ihr Geist indes noch sehr präsent und anerkannt.
Rudolf Hermann beschreibt die Eigenart Siebenbürgens in der NZZonline folgendermaßen
„In Hermannstadt/Sibiu manifestiert sich konzentriert, was für ganz Siebenbürgen gilt. Nach
1918 blieb trotz der Integration in den großrumänischen Staat und der forcierten
Assimilation eine Art der transsilvanischen Identität erhalten, die die zugewanderten
Rumänen aufnahmen und mit ihrer Eigenart vermischten. Man fühlt sich auch heute noch
durch das Erbe von Deutschen und Ungarn näher an Mitteleuropa als jenseits der

Karpaten"[8]. Die ethnisch unterschiedliche Zusammensetzung der Bevölkerung war - und ist teilwiese bis in die Gegenwart hinein- maßgeblich prägend für die spezifische Kulturlandschaft und das Regionalbewusstsein Siebenbürgens. In Siebenbürgen lebt weiterhin eine rumänische, orthodoxe Mehrheit in direkter Nachbarschaft mit einer calvinistisch ungarischen Minderheit und einer noch kleinerern Minderheit siebenbürgisch sächsischer, evangelischer Personen und einer wachsenden Minderheit der Roma in den Kreisen Mures, Hermannstadt und Kronstadt. Die Zahl der Minderheiten, außer der der Roma nimmt kontinuierlich ab und sie ist von einer zunehmenden Überalterung, Migration und Assimilation bedroht. Investiert wird vor allem in die großen Städte wie Kronstadt, Hermannstadt, Neumarkt und Klausenburg und viel weniger in die vielen Kleinstädte, die auch eines wirtschaftlichen Aufschwunges bedürfen.

„Im Unterschied zu Teilen der Intellektuellenschicht ist bei den rumänischen Einwohnern des Banats selbst nur ein diffuses Regionalbewusstsein vorhanden, wobei ihnen allerdings das Wohlstandsgefälle zu den meisten anderen Landesteilen bewusst ist" und es auch als solches seit dem späten 19.Jh. wahrgenommen wird. (Chelcea 2000, Gavreliuc 2004). Die Bewegung des Banatenismus Anfang des 20.Jh. unterstrich diese Lage mit dem Motto „ Tot Banatu-i fruntea" bzw. nur das Banat ist die Spitze. Das Banat unterscheidet sich von anderen Regionen Rumäniens durch die kulturelle Bedeutung, die kulturräumliche Geschlossenheit, den gesellschaftlichen, westeuropäisch geprägten Habitus, den wirtschaftlichen Entwicklungsstand und das Regionalbewusstsein als Banater Bevölkerung.

Ethnische Vielfalt wurde nie als neutrale Begrifflichkeit wahrgenommen sondern als kulturelle Bereicherung und gesellschaftliche Ressource und somit als Vorteil betrachtet oder sie wurde unter dem Aspekt der Alterität und Konflikthaftigkeit und somit als Nachteil thematisiert. Dieses Thema ist vor allem bei Angehörigen einer Mehrheitsbevölkerung Gesprächsstoff indem sie die ethnische Vielfalt häufig als vereinnahmende und mitunter aber auch integrierende Intention („unsere Deutschen", „unsere Ungarn") beschrieben . Erstens wird staatliche Zugehörigkeit betont, Loyalität eingefordert und zweitens wird Selbstgewissheit auf Seiten der Mehrheit durch Abgrenzung erzeugt. Beide Interpretationen ethnischer Vielfalt sind im hier betrachteten regionalen Raum bis heute als (nationales) Denkmuster erhalten geblieben. Im Selbst-und Fremdbild wird beiden Räumen (Banat und Siebenbürgen) die Eigenschaft einer „westlichen Region" zugeschrieben, wobei Multiethnizität als ein Wirkfaktor der Modernisierung betrachtet wird. Durch den EU-Beitritt haben die westlichen Regionen Rumäniens, vor allem die in urbanen Zentren wohnende stabile Mittelschicht profitiert, wohingegen die Mehrzahl der Einwohner und die ländlichen Regionen und Kleinstädte kaum eine Veränderung der Lebensverhältnisse erlebt haben.

Das Kriegsbeil zwischen Rumänen und Ungarn, vor allem Ungarn aus dem Szeklerland wird vielleicht immer bestehen werden, weil die rumänische Seite die Autonomiedebatten immer als Separatismusdebatte betrachtet. Die deutsche Minderheit wird von den Rumänen

---

[8]http://www.nzz.ch/nachrichten/politik/international/bei_den_freundlichen_menschen_von_jenseits_des_waldes
_1.8276131.html

meistens als Vorzeigeminorität behandelt, weil durch ihr Erbe/ ihre Präsenz Investoren und Touristen angelockt werden können.

Abschließend kann festgehalten werden, dass eine über mehrere Jahrhunderte okzidental-lateinisch geformte und dominierte Kulturlandschaft der Ungarn, Siebenbürger Sachsen, Banater Schwaben und anderer kleineren Ethnien sich in eine seit dem späten 19. Jh. orientalisch -orthodoxe Gesellschaft der Rumänen und wenigen dominanten Minderheiten verwandelt hat, die heute den Mix aus okzidentaler, kommunistischer und demokratischer Prägung lebt.

Die Bevölkerung Siebenbürgens/Zentrum weist folgendes Muster auf: vier dominante ethnische Gruppen: Rumänen, an zweiter Stelle die Ungarn und nicht die Roma, die in den altrumänischen Regionen den Rumänen folgen. Die Ungarn und Szekler leben auch heute vor allem im Szeklerland, Kreis Mures und Kreis Hermannstadt. Die nach der Wende 1989/1990 nicht ausgewanderten Deutschen /Siebenbürger Sachsen leben mehrheitlich in den Kreisen Hermannstadt und Kronstadt in den ehemaligen sächsischen Dörfern und Städten.

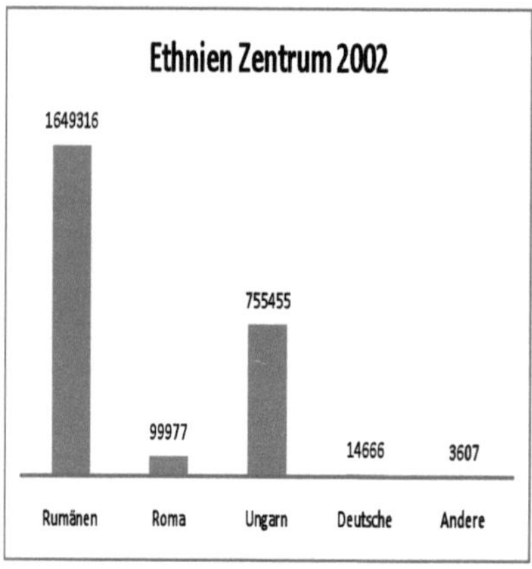

Q: eigene Bearbeitung

Auch in den Regionen West/Banat und Nordwest/Kreischgebiet und Marmarosch folgen den
Rumänen, die ungarischen Einwohner, die die Romabevölkerung zahlenmäßig weit
überschreiten. Hier leben neben den alteingesessenen Ethnien auch kleine Minderheiten
der Slowaken, Serben, Kroaten und Tschechen.

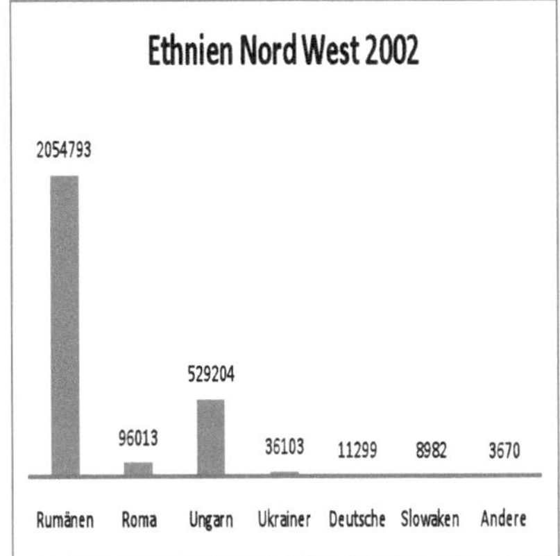

Q: eigene Bearbeitung

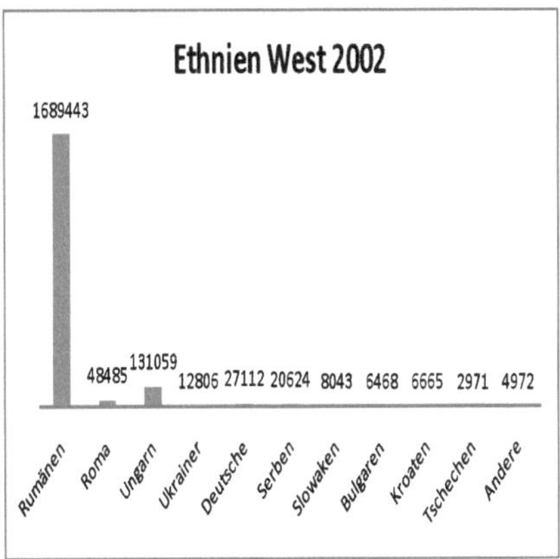

Q: eigene Bearbeitung

5. Wirtschaft

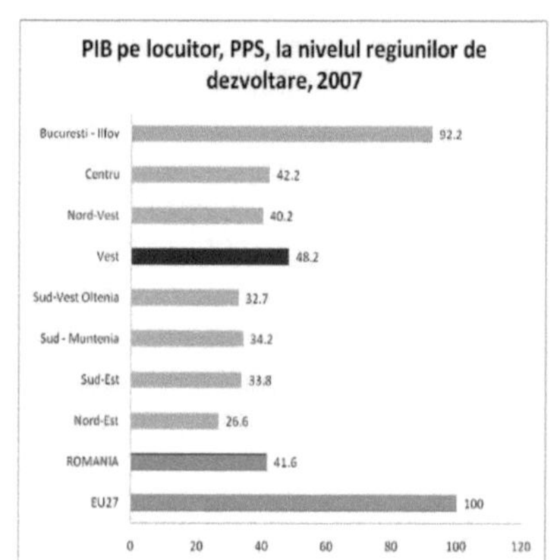

http: www.adrvest.ro/bzw.Eurostat2010

Nach 1948 wurde das Agrarland Rumänien im Rahmen der sozialistischen Planwirtschaft industrialisiert. Auch der Übergang von der Plan- zur Marktwirtschaft verlangte große Opfer von der Bevölkerung. Hohe Inflationsraten, eine wachsende Arbeitslosigkeit und eine schlechte Bezahlung in geregelten Beschäftigungsverhältnissen führten zu einem drastischen Anstieg des Bevölkerungsanteils unterhalb der Armutsgrenze. Heute hat sich diese Situation verbessert, wobei der wirtschaftliche Unterschied zwischen den Regionen immer noch deutlich beobachtbar ist.

Die rechte obere Grafik zeigt das BIP pro Kopf in den acht Entwicklungsregionen Rumäniens aus dem Jahre 2007. Hier erkennt man die enorme Differenz zwischen der Region Bukarest-Ilfov und dem Rest des Landes. Die westlichen Gebiete haben Werte über 40, wobei die Region West am besten abschneidet. Die Werte der Walachei und der Dobrudscha befinden sich zwischen 32 und 34. Die Moldau ist mit dem Wert 26,6 das Armenhaus Rumäniens. Aus den insgesamt 271 Regionen der E.U. befinden sich 6 Regionen aus Rumänien unter den 20 ärmsten der Union.

Auch folgende Grafiken, die das BIP nach Wirtschaftssektoren und Erwerbstätige nach Wirtschaftssektoren zeigen, dass Rumänien immer noch ein Transformationsland ist, weil z.B. 30% der Erwerbstätigen in der Landwirtschaft nur 7% des BIPs im ersten Sektor erwirtschaften.

Das folgende Zitat von dem Ökonomen Ilie Serbanescu „die Krise ist eine des Modells: Verbrauch ohne Produktion, Importe ohne Exporte, Supermärkte ohne Fabriken, Pkw ohne Straßen. Wenn wirtschaftliches Wachstum erreicht wird, dann durch Vergrößerung der Ungleichgewichte.[9]" beschriebt die heutige wirtschaftliche Situation Rumäniens bestens. Auch importiert das Land viel mehr als es exportiert.

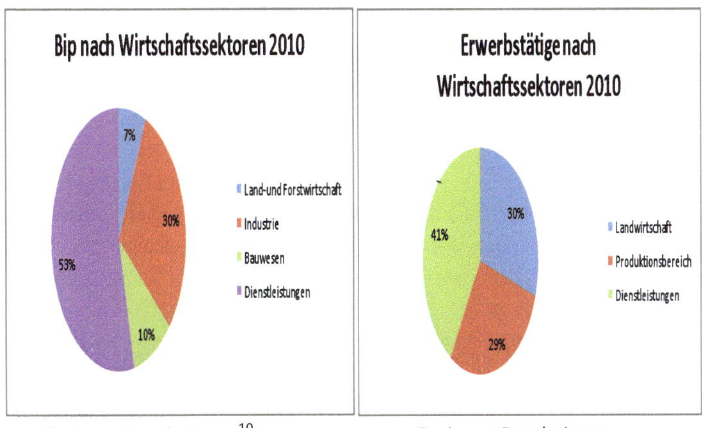

Q:eigene Bearbeitung [10]   Q:eigene Bearbeitung

Was die Direktinvestitionen betrifft investierten ausländische Firmen 2005 52% in die Industrie, 22% in den Dienstleistungssektor und 7% bzw. 8% in den Einzel-und Großhandel. Bemerkenswert ist auch, dass sehr wenig in die Landwirtschaft (1%)und in den Tourismus(2%) investiert wird, wobei diese Sektoren das größte Potenzial haben. Auch wird eher in die größten Städte des Staates investiert wie Bukarest, Pitesti, Constanta, Temeswar, Ploiesti, Klausenburg und Kronstadt, die sich alle in wirtschaftlich guten Regionen befinden.[11] Deutschland nimmt bei den ausländischen Direktinvestitionen weiterhin mit einem Gesamtvolumen von 4,38 Milliarden Euro und ca. 18.000 Unternehmen mit deutscher Beteiligung hinter den Niederlanden und Österreich den dritten Platz ein. In Kleinstädte oder Dörfer wird am allerwenigsten investiert, wobei die meisten Investitionen hier aus E.U.-Geldern finanziert werden.

Nach mehreren Jahren eines beeindruckenden BIP-Wachstums (zuletzt im Jahr 2008 7,3 Prozent) wurde Rumänien 2009 von der Wirtschafts- und Finanzkrise eingeholt. Im Jahr 2010 wurde ein Rückgang des BIP um 1,3 Prozent verzeichnet, was allgemein als positives Signal aufgefasst wird. Die aktuellen Analysen der rumänischen Regierung, des IWF und der Privatwirtschaft prognostizieren für 2011 eine Stabilisierung und ein Wachstum der rumänischen Wirtschaft in Höhe von 1,5 – 2 Prozent und für das Folgejahr in Höhe von 4 –

---

[9] http://rom2neu2.blogspot.com/2011/01/05012011-rumanien-in-der.html
[10] http://www.wko.at/statistik/eu/europa-wertschoepfung.pdf
   http://www.wko.at/statistik/eu/europa-beschaeftigungsstruktur.pdf
[11] Vgl. Sandor Gardo. Rumänien: Wirtschaft in Transformation. S. 655-691

4,5 Prozent (bei steigender Binnennachfrage und weiter steigenden Exporten). Die Arbeitslosenquote lag im Dezember 2010 bei 6,9%. Beim Geschäfts- und Investitionsklima besteht weiterhin Reformbedarf. Bürokratie, immer noch nicht ausreichende Rechtssicherheit, die schlechte Infrastruktur, sowie Korruption sind die Hauptprobleme der rumänischen Wirtschaft. In den traditionell dominierenden Industriezweigen Maschinenbau, Metallurgie, Chemie, Ölindustrie und Petrochemie vollzieht sich seit einigen Jahren ein Strukturwandel. Rumäniens Industrie befindet sich inzwischen eindeutig auf dem Weg zu technisch anspruchsvolleren Produkten. Im Bereich des Maschinenbaus sind die Bereiche Ausrüstungen und Anlagen, Schiffsbau und Kraftfahrzeuge wettbewerbsfähig und zukunftsträchtig. Vor allem die Kfz- und Kfz-Zulieferindustrie gilt inzwischen als Schwerpunkt für die Entwicklung der modernen, stark exportorientierten Industrielandschaft. Die Bauwirtschaft kann mit einem anhaltenden krisenbedingten Nachfrageeinbruch nicht an den bisherigen Wirtschaftsboom anschließen. Der expandierende Einzelhandel bietet jedoch weiterhin Möglichkeiten im Geschäfts- und Industriebau. Insbesondere die Lebensmittel-, Textil-, Schuh- und Möbeldiscounter zählen im Einzelhandel zu den klaren Gewinnern der Krise. Gute Geschäftschancen bieten auch die Bereiche Umwelttechnik (Wasser/Abwasser, Entsorgung) und Energie/Energieeffizienz. Im Infrastrukturbereich besteht weiterhin enormer Investitionsbedarf. Zwar existieren nicht zurückzuzahlende EU-Fördermittel für Großprojekte im Straßen- und Schienenbau sowie für den Wasser- und Abfallsektor. Diese Mittel werden jedoch bisher nur schleppend abgerufen.[12]

Zu erkennen ist, dass Rumänien sich seit 1990, besonders nach 2000 bemüht seinen ökonomischen Werdegang zu verbessern mit allen Höhen und Tiefen, die solch eine Transformation einfordern.

---

[12] http://www.auswaertiges-amt.de/DE/Aussenpolitik/Laender/Laenderinfos/Rumaenien/Wirtschaft_node.html

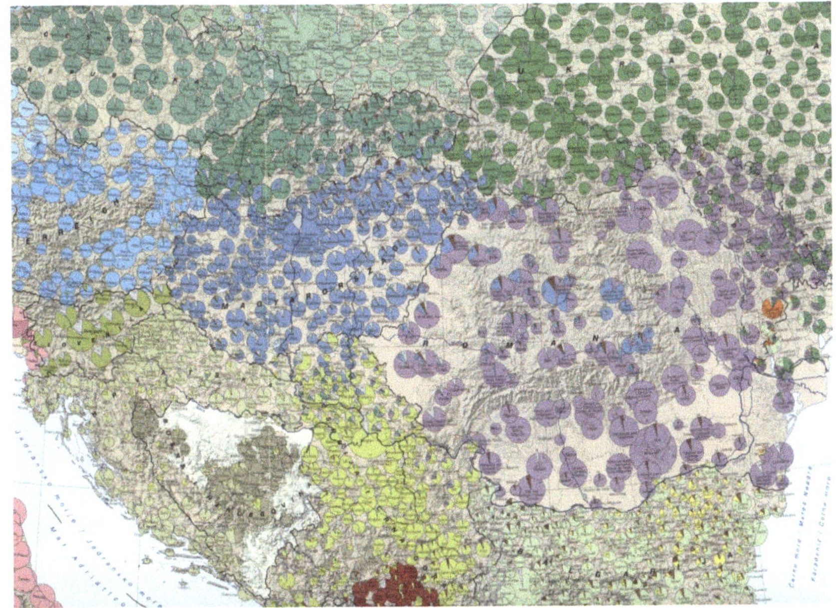

Q: Jordan, P. (2000), Ethnisches Bewusstsein in Mittel- und Südosteuropa um 2000/
Karte 1: 3000000

Die obige Karte deutet direkt und indirekt auf die Lage, Bevölkerung,
Geschichte, Wirtschaft und Kultur Rumäniens.

Die außerkarpatische Walachei und Moldau waren und sind rumänisch
orthodoxe Gebiete, in denen nur einige, zahlenmäßig kleine Minderheiten leben. Sie
waren jahrhundertelang unter osmanischem und byzantinischem Einfluss, der sie
kulturell und wirtschaftlich zutiefst geformt und geprägt hat. Das
Regionalbewusstsein der beiden Entitäten ist unterschiedlich ausgeprägt, wobei
Moldauer sich eher zu ihrer Region bekennen als die Bewohner der Walachei. Seit
mehr als einem Jahrhundert erleben und profitieren sie vom westlichen Einfluss, den
sie sich Schritt für Schritt einverleiben können und dies mehrheitlich wollen. Dieser
Wandel ist vor allem in der Region um die Hauptstadt Bukarest bemerkbar.

Die Peripherie Rumäniens, die Dobrudscha war vier Jahrhunderte lang unter
osmanischer Herrschaft, die sich in kultureller, sozialer und wirtschaftlichen Belangen
niedergeschlagen hat. In dieser Zeit wanderten viele ethnische, aus dem Osten
kommende Gruppen ein, die hier eine zweite Heimat gefunden haben, wie z.B.
Türken, Tataren, Ukrainer und Russen-Lipowaner. Seit 1878 regieren die Rumänen in
diesem Landstrich, den sie nach und nach prägten und gestalteten. Wenn es um die

regionale Identität geht, identifizieren sich nur die wenigsten mit dem Begriff „Dobrudschabewohner" weil sehr viele her eingewandert sind und hier noch keine gefestigten Wurzeln haben.

Die westlichen Raumeinheiten des Landes, das Banat und Transsilvanien haben eine ganz andere Geschichte erfahren. Sie waren jahrhundertelang vom Westen geprägt bzw. standen unter ungarischer oder habsburgischer Herrschaft. Vier Ethnien bewohnen und dominieren heute diese Kulturlandschaft: Rumänen, Ungarn, Roma und Deutsche. Aus kultureller und wirtschaftlicher Sicht sind sie anderen rumänischen Zonen weit überlegen. Und Siebenbürger und Banater schätzen es sehr Bewohner Transsilvaniens oder des Banats zu sein.

Rumänien ist aus kultureller, wirtschaftlicher, bevölkerungsgeografischer und historischer Sicht ein zweigeteiltes Land (Transsilvanien, Banat vs. Walachei, Dobrudscha und Moldau). Zwar sind die Rumänen in allen Regionen mit überwältigender Mehrheit präsent, können sie doch nicht, die Ereignisse, die sich seit 1878 bzw. 1918 abgespielt haben, leugnen. Denn das hieße, die vielen positiven, bevölkerungsreichen, ethnisch vielfältigen, kulturellen und kulturlandschaftlich prägenden Faktoren verneinen, die es zu dem Land gemacht haben, das es heute ist.

Was dieses Land meiner Ansicht nach zusammenhält ist der Glaube und das Vertrauen in die europäische Union, aber auch in das eigene Land, dass doch nennenswerte Fortschritte in Sachen Demokratie und Wirtschaftswachstum verzeichnet hat. Zwar wird es immer den Unterschied außer-oder innenkarpatisch geben werden, jedoch in zukünftiger verbesserter gesellschaftlicher Form.

7. Überlegungen

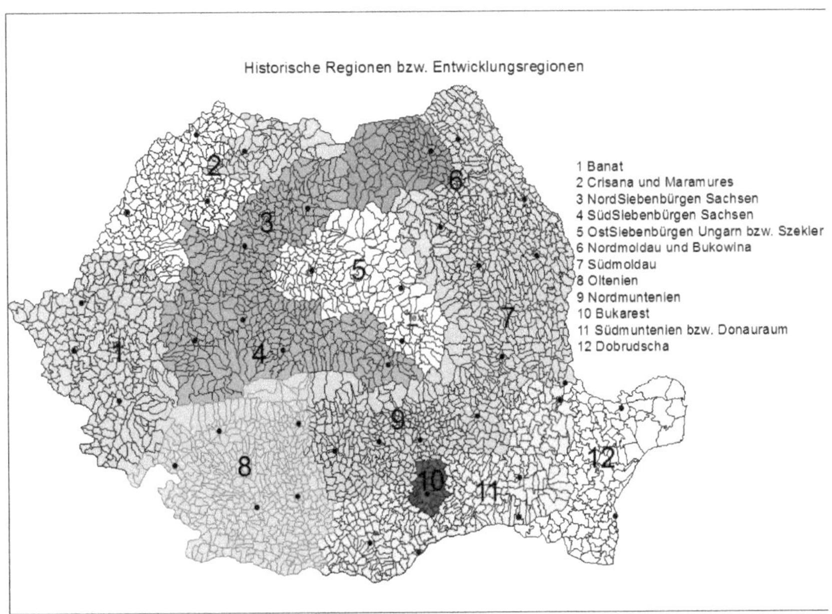

Q: Eigene Bearbeitung

Obige Karte zeigt, wie Rumänien in Entwicklungsregionen eingeteilt hätte werden
müssen/sollen weil die historischen, ethnischen, geografischen Gegebenheiten und die
aktuelle Situation berücksichtigt sind. Es sind Raumeinheiten, die sowohl die Mentalität als
auch die Wirtschaftskraft der einzelnen Kreise beinhalten.

Diese Entwicklungsregionen zeigen im Vergleich zu den offiziellen Entwicklungsregionen
auch inwieweit historische Faktoren eine Grundlage für Regionalpolitik im europäischen
Kontext sein können. Der Nachteil der offiziellen Entwicklungsregionen liegt darin, dass sie
de facto Zusammenschlüsse von Kreisen zum Zwecke übergeordneter Regionalplanung sind,
die sowohl finanziell als auch in Bezug auf Entscheidungen von der Zentralverwaltung
abhängen. Da werden wirtschaftlich schwache mit wirtschaftlich performanteren Kreisen in
eine Entwicklungsregion zusammengeschlossen, eine Situation die die regionalen
Kooperationen und Koordinationen eher schwächt als verstärkt. Wenn das nicht der Fall
wäre, dann könnten die verschiedenen Regionen über ihre Stärken und Schwächen besser
Bescheid wissen und Lösungen und Strategien entwickeln, die sowohl sich als auch den
anderen benachbarten Regionen zugute kommen könnten. Ein Versuch wäre es sicherlich
wert, in einem imaginären Rollenspiel die Pros und Kontras dieser Entwicklungsregionen zu
bewerten, wobei es gut möglich wäre dass die Pros Überhand nehmen.

8. Bibliografie

KAHL Th., METZELTIN M., UNGUREANU M.-R. (Hrsg.) (2006), Rumänien. Raum und Bevölkerung, Geschichte und Geschichtsbilder, Kultur, Gesellschaft und Politik heute, Wirtschaft, Recht und Verfassung, Historische Regionen. Wien – Berlin. Band I und II

BENEDEK J, JORDAN P. (2007), Administrative Dezentralisierung, Regionalisierung und Regionalismus in den Transformationsländern am Beispiel Rumäniens. In: Mitteilungen der Österreichischen Geographischen Gesellschaft, 149, S. 81-108.

Jordan, P. (2000), Ethnisches Bewusstsein in Mittel- und Südosteuropa um 2000. Wien : Österr. Ost- und Südosteuropa-Inst. Berlin : Bornträger 2006 Datenstand 1999 - 2004; [Karte im Maßstab] 1:3 000 000

GEO Themenlexikon. 2006 . Unsere Erde. Länder, Völker und Kulturen. Band 3 O-Z . Rumänien

Internet:

http://www.wko.at/statistik/eu/europa-wertschoepfung.pdf

http://www.wko.at/statistik/eu/europa-beschaeftigungsstruktur.pdf

http://www.adrvest.ro/bzw. Eurostat 2010

http://www.insse.ro/cms/files/statistici/Statistica%20teritoriala%202008/rom/8.htm

http://de.wikipedia.org/wiki/Rum%C3%A4nien

http://rom2neu2.blogspot.com/2011/01/05012011-rumanien-in-der.html

http://www.auswaertiges-amt.de/DE/Aussenpolitik/Laender/Laenderinfos/Rumaenien/Wirtschaft_node.html

http://www.nzz.ch/nachrichten/politik/international/bei_den_freundlichen_menschen_von_jenseits_des_waldes_1.8276131.html